CATALOGUE

DES

ALGUES MARINES

DU

NORD DE LA FRANCE

PAR

FERDINAND DEBRAY

DOCTEUR ÈS-SCIENCES,

PROFESSEUR A L'ÉCOLE DES SCIENCES D'ALGER.

AMIENS

TYPOGRAPHIE DELATTRE-LENOEL

32, RUE DE LA RÉPUBLIQUE, 32

1885

CATALOGUE

DES

ALGUES MARINES

DU NORD DE LA FRANCE

EXTRAIT DES *Mémoires de la Société Linnéenne du nord de la France.*

CATALOGUE

DES

ALGUES MARINES

DU

NORD DE LA FRANCE

PAR

FERDINAND DEBRAY

DOCTEUR ÈS-SCIENCES,

PROFESSEUR A L'ÉCOLE DES SCIENCES D'ALGER.

AMIENS

TYPOGRAPHIE DELATTRE-LENOEL

32, RUE DE LA RÉPUBLIQUE, 32

—

1885

AVANT-PROPOS.

Nous énumérons dans le Catalogue qui va suivre, à l'exception des diatomées, toutes les algues marines que nous avons rencontrées sur la partie du littoral comprise entre Dunkerque et l'extrémité occidentale des côtes du Calvados. Sur ce sujet il n'est paru, à notre connaissance, qu'une liste fort incomplète des algues de Wimereux, publiée par M. Moniez. A nos observations personnelles nous avons joint quelques indications que nous avons puisées dans l'herbier Desmazières, propriété de la Société des Sciences de Lille, et dans l'herbier Chauvin, déposé à la Faculté des Sciences de Caen. M. le professeur Morière a bien voulu nous permettre de consulter cette seconde collection, mais nous n'avons malheureusement pu, faute de temps, en feuilleter qu'une partie. Notre travail, précisément à cause du petit nombre des recherches antérieures, sera forcément imparfait, et de nombreuses additions pourront y être faites ultérieurement.

Je dois ici remercier M. Bornet qui a bien voulu me conseiller et mettre à ma disposition les ressources de sa parfaite connaissance des cryptogames. M. Giard, professeur à la Faculté des Sciences de Lille et M. Delage, professeur à la Faculté des Sciences de Caen, m'ont offert dans leur laboratoire une excellente installation pour mes recherches. Je suis heureux de leur en manifester ma reconnaissance, ainsi qu'à M. Van Ryck qui, lorsqu'il était commissaire de marine à St-Vaast-la-Hougue, a mis à ma disposition un bateau pour aller draguer sur les rochers de Grandcamp.

Nous croyons être utile aux botanistes qui voudront se livrer à l'étude des algues marines dans ces mêmes régions, en leur indiquant les livres qu'ils consulteront avec fruit pour la détermination des espèces :

J. Agardh. *Species, genera et ordines Algarum.*
Crouan. *Florule du Finistère.*
Harvey. *Phycologia britannica or a history of British Seaweeds.*
Kützing. *Species Algarum.*
Tabulæ phycologicæ oder Abbildungen der Tange.
Le Jolis. *Liste des algues marines de Cherbourg.*

Les herbiers suivants pourraient également leur rendre des services :

Herbier Chauvin.
— Lamouroux.
— Lenormand.
} Déposés à la Faculté des Sciences de Caen.

— Desmazières. Déposé à la Faculté des Sciences de Lille.

Exsiccata Crouan, *Algues marines du Finistère* (1).
— Rabenhorst, *Die Algen Europa's* (1).
— Hauck et Richter. *Phycotheca universalis* (2).

---

(1) Épuisé, mais peut se retrouver encore quelquefois dans le commerce.

(2) Sur le point de paraître.

La flore marine varie beaucoup suivant la nature chimique des roches et leur désagrégation plus ou moins rapide; suivant qu'elles sont en gros blocs ou forment une nappe uniforme, suivant que la localité est plus ou moins abritée ou exposée aux tempêtes, suivant que la configuration de la côte favorise ou non un dépôt de vase, que des courants d'eau douce traversent ou non la plage. — Nous croyons utile de donner ici une description succincte de la côte.

La partie du littoral que nous nous sommes proposé d'explorer présente une plage de sable de Dunkerque à Sangatte, près Calais.

En face de Sangatte on trouve la craie marneuse à laquelle succède presque immédiatement la craie glauconieuse. Ce dernier étage se continue jusqu'à l'entrée des dunes de Wissant, point où le gault le remplace.

Au nord-ouest comme au sud-est de Wissant, la plage est presque uniquement sablonneuse, et ce sable se continue jusqu'au Gris-Nez, où apparaissent les grès Portlandiens.

L'assise portlandienne, composée de grès et de calcaires plus ou moins siliceux, affleure sur la plage jusqu'au sud de Wimereux. C'est à cette assise qu'appartiennent les rochers de la Pointe-aux-Oies, de la Rochette, de Croÿ, et en grande partie aussi ceux de la Crèche.

A la Crèche apparaît l'argile Kimmeridjienne, à *Ostrea virgula*, qui se continue jusqu'au sémaphore du Portel. Dans cette assise, on rencontre quelques bancs calcaires qui ont résisté à la mer, et se retrouvent en quelques points de la plage. Le Portlandien reparaît du Portel au cap d'Alprecht.

Du cap d'Alprecht jusqu'un peu au-delà d'Equihem,

nous retrouvons l'argile Kimmeridjienne; au sud d'Equihem, la plage est uniformément sablonneuse jusqu'à Ault, au sud de l'embouchure de la Somme.

Les falaises recommencent à Ault et la plage redevient rocheuse. Ces roches de craie blanche s'étendent jusqu'au cap d'Antifer avec quelques courtes interruptions en des points où la plage redevient sablonneuse; elles appartiennent aux couches caractérisées par les *Micraster* ou par l'*Inoceramus labiatus*.

Au cap d'Antifer apparaît la craie glauconieuse, puis le Gault à Saint-Jouin, et le Kimmeridjien à Cauville. De chaque côté de l'embouchure de la Seine, on rencontre des couches d'argile appartenant à ce dernier étage. A Trouville apparait l'Oxfordien, représenté par un calcaire marneux. Enfin les roches que l'on rencontre sur la plage à partir de Luc jusqu'à Grandcamp appartiennent à la grande oolithe.

De Dunkerque à Grandcamp, nous rencontrons des plages sablonneuses, rocheuses et argileuses.

Les plages de sable sont absolument stériles, à moins que le sable ne soit fortement vaseux, et alors on y trouve surtout des Phycochromacées. La plupart des plantes marines ne peuvent se fixer sur ce sol mouvant. Il est bon, cependant, de se rendre sur ces plages pour visiter les ports, les estacades et les digues qui offrent aux algues un support fixe. La récolte n'y est généralement pas riche et se borne souvent aux *Ulva enteromorpha* et *lactuca*, au *Porphyra laciniata*, aux *Fucus serratus* et *vesiculosus*....

Sur les plages rocheuses, la végétation varie avec la nature de la roche et pour une même roche avec la disposition de la plage. Les flaques, et surtout les courants d'eau de mer, sont généralement plus riches que les parties environnantes; en effet, dans ces points, l'algue a moins à souffrir à marée basse du soleil pendant l'été, du froid pendant l'hiver, et en toute saison de la pluie, qui, comme eau douce, désorganise les tissus de beaucoup d'entre elles.

Les rochers de nos côtes sont, comme nous l'avons vu plus haut, formés de grès et de calcaires siliceux ou argileux appartenant à la période jurassique, ou bien de calcaire plus pur appartenant à la période crétacée.

Les terrains argileux se désagrègent rapidement au contact de la mer et rendent la plage vaseuse. Les argiles se rencontrent aux environs de Boulogne et auprès de l'embouchure de la Seine; elles nuisent au développement des plantes par l'abondance de leurs particules en suspension dans l'eau, et de plus ne leur fournissent pas un support qui leur permette de se fixer.

En aucun point de toute l'étendue des côtes à laquelle nous limitons ce travail nous n'avons rencontré de Zostères. L'absence de ces phanérogames marins entraîne celle d'un grand nombre d'espèces qui ont leur habitat spécial dans les prairies que forment ces plantes, le plus souvent fixées sur leurs rhizômes ou sur leurs feuilles.

Certaines algues sont très communes dans toute l'étendue de la région que nous décrivons; ce sont, dans la zone supérieure, les *Ulva*, la *Porphyra laciniata*, le *Fucus vesiculosus* et la *Laurencia pinnatifida;* cette dernière se trouve également très abondamment dans les autres zones; dans les zones moyenne et inférieure ce sont *Fucus serratus*, *Ceramium rubrum*, *Chondrus crispus*,

Cystoclonium purpurascens et *Thamnidium floridulum;* ce dernier recouvre d'un tapis uniforme de grandes étendues de rochers sur lesquels il maintient une épaisse couche de sable ; et, plus particulièrement dans la zone inférieure, nous trouvons partout abondamment *Polyides rotundus*, *Delesseria hypoglossum* et enfin *Callithamnion Turneri* bien plus commun encore au nord de notre région que vers sa partie méridionale.

Certaines algues, excessivement abondantes dans la région s'étendant d'Etretat à Fécamp et même aux Petites-Dalles, se retrouvent, mais moins abondamment, dans le Calvados, tandis qu'elles manquent complètement, ou à peu près complètement, dans le reste de la Seine-Inférieure, sur les côtes du Pas-de-Calais et du Nord ; ce sont : *Ginnania furcellata* (1), *Callithamnion tetricum*, *Ptilota elegans*, *Schizymenia edulis* (2), *Grateloupia filicina* (3), *Hydrolapathum sanguineum*, *Nitophyllum Gmelini* (4), *Delesseria alata* (4). Nous n'avons trouvé le *Delesseria ruscifolia* que dans le Calvados; le *Chylocladia reflexa* habite, en outre de cette région, les alentours de Fécamp.

Les *Calliblepharis ciliata*, *Nitophyllum laceratum*, *Dasya coccinea*, *Polysiphonia nigrescens*, *Corallina officinalis* semblent se plaire plus particulièrement sur la craie et présentent sur ce terrain, où on les rencontre partout assez abondamment, un aspect beaucoup plus florissant, une taille et une vigueur plus grande que sur le jurassique.

---

(1) A été trouvée une seule fois au Portel et deux fois à Wimereux.

(2) Trouvée une fois à la Pointe-aux-Oies par M. Moniez.

(3) Moins abondante que les précédentes et les suivantes.

(4) Se retrouvent encore mais moins abondamment à St-Valery-en-Caux.

Les algues peuvent enfoncer plus facilement leurs appendices rhizoïdes dans ces rochers, qu'elles ne le peuvent faire dans les roches jurassiques. On serait tout d'abord porté à penser que la plus grande abondance du carbonate de chaux dans les eaux favorise spécialement le développement des Corallines; mais sur les côtes jurassiques du Boulonnais, la mer est certainement assez chargée en calcaire pour permettre ce développement. D'un autre côté, comment expliquerait-on l'abondance des Corallines et des Mélobésies en Bretagne où le terrain, contenant relativement peu de calcaire, se désagrège beaucoup plus lentement ?

Nous avons remarqué l'absence des *Laminaria saccharina* et *flexicaulis* depuis Fécamp jusqu'à Boulogne, l'absence de *Dictyota dichotoma* à partir du Tréport jusque Dunkerque. Nous ne savons à quelle cause attribuer ce phénomène qui ne semble pas accidentel, ces mêmes algues étant très communes dans la région où on les trouve.

Dans le Catalogue qui va suivre nous avons adopté la classification de Thuret. On pourra ainsi plus facilement comparer la flore de cette région avec celle des environs de Cherbourg, M. Le Jolis ayant employé cette même classification dans son Catalogue des algues de cette localité.

Nous indiquons dans notre catalogue les époques de fructification de bon nombre des algues que nous citons. Ces indications manquent presque totalement dans les catalogues que nous avons consultés. Il y a cependant un intérêt puissant à connaître les époques où les algues procèdent à leur dissémination, où les spores germent.

Quand les renseignements seront plus abondants sur ce sujet, on pourra s'expliquer comment certaines algues disparaissent une partie de l'année, pour réapparaître plus tard en grande abondance.

ABRÉVIATIONS.

C. *Commun.*
CC. *Très commun.*
R. *Rare.*

ZS. *Zone supérieure.*
ZM. *Zone moyenne.*
ZI. *Zone inférieure.*

LISTE DES ALGUES MARINES

trouvées entre Dunkerque et l'extrémité occidentale des côtes du Calvados.

ORDRE I. — **Nostochinées.**

LYNGBIA Ag.

L. aeruginosa Ag.
ZS. — Wimereux, Croÿ ; — Automne.

CALOTHRIX Ag.

C. confervicola Ag.
Wimereux ; la Rochette sur Gelidium corneum et Catenella opuntia. — Automne.

DASYACTIS Kütz.

D. salina Kütz. — *Rivularia Warreniæ* Thuret.
« Abonde sur les roches Kimmeridjiennes au-delà de la Rochette. » Moniez. — Principalement au-dessous des sources de la Falaise ; mouillée par la mer seulement dans les mauvais temps. — Octobre.

ORDRE II. — **Zoosporées.**

SOUS-ORDRE. — Chlorosporées.

CHLOROTYLIUM Kütz.

Chl. cataractarum Kütz.

Wimereux, Pointe-aux-Oies, Arromanches, sources dans les falaises, n'est mouillé par la mer que pendant les gros temps.

ULVA Linné.

U. lactuca Le Jolis. — M. Le Jolis réunit sous ce nom toutes les Ulves diplostromatiques séparées à tort par les anciens auteurs.

CC. sur toute la côte de Dunkerque au Hâvre.

U. enteromorpha Le Jolis. — M. Le Jolis réunit sous ce nom les *Ulva lanceolata*, *compressa* et *intestinalis* de Linné.

CC. sur toute la côte.

CHÆTOMORPHA Kütz.

Ch. ærea Kütz.

Sur les rochers ; ZS. — Wimereux, tour de Croÿ, la Crèche, Yport.

Ch. melagonium Kütz.

Sur les rochers. — Mesnil-Val.

Ch. linum Kütz.

« Le Hâvre. » Duboc.

RHIZOCLONIUM Kütz.

Rh. riparium Harv.
La Rochette ZS. — Avec Catenella opuntia et Gelidium; baie d'Authie.

CLADOPHORA Kütz.

Cl. lætevirens Harv.
Fécamp, Yport, le Tréport. — ZM.

Cl. Macallana Harv.
Yport.

Cl. Hutchinsiæ Kütz. — *Cl. Hutchinsiae* et *Cl. diffusa* Harv.
Wimereux, Croÿ, Pointe-aux-Oies ; Petites-Dalles, Luc, Arromanches. — Toute l'année.

Cl. rupestris Kütz.
CC. Arromanches ; Langrune ; Trouville ; Etretat ; Yport ; Fécamp ; Petites-Dalles ; St-Valery-en-Caux ; Dieppe ; le Tréport ; Ault ; Wimereux, la Rochette. — Toute l'année.

Cl. pellucida Kütz.
Fécamp.

BRYOPSIS Lamour.

Br. hypnoides Lamour.
« Fossés du fort au Havre. » Duboc.

Br. plumosa Ag.
Wimereux, Croÿ, Pointe-aux-Oies ; Arromanches, le Portel. — ZM ; été.

CODIUM Stackh.

C. tomentosum Stackh.
Quihot près Luc, Etretat, La Roche Bernard près Boulogne ; Wimereux. — ZI.

SOUS-ORDRE II. — Phéosporées.

DESMARESTIA Lamour.

D. viridis Lamour. — *Dichloria viridis* Grev.
« Dieppe. » Leturquier.

D. *aculeata* Lamour.
« Rejetée sur les côtes de la Seine-Inférieure. » Leturquier.

D. ligulata Lamour.
Etretat, Yport, Fécamp; « rejetée au Hâvre. » Duboc.

DICTYOSIPHON Grév.

D. fœniculaceus (Huds) Grev.
Luc.

AGLAOZONIA Zan.

A. parvula Zan.
Yport, rochers sablonneux plats à très basse mer.

ECTOCARPUS Lyngb.

E. confervoides Le Jolis.
Arromanches, Luc, Wimereux, le Tréport; « Le Hâvre » Duboc — Fructifie en été.

E. fasciculatus Harv.
— var *abbreviatus*.
Fécamp, sur *Laminaria flexicaulis*.

E. granulosus Ag.
Sur les rochers ZI; Wimereux, le Portel, le Tréport. — Fructifie d'avril à octobre.

E. firmus J. Ag. — *E. littoralis* Harvey.

Sur Fucus. Arromanches, Luc, Yport, Petites-Dalles, St-Valery-en-Caux, le Tréport, le Portel, Wimereux, Blanc-Nez; « Le Hâvre » Duboc; « Etretat » Blanche et Malbranche; « St-Valery-en-Caux » Leturquier. — Fructifie en automne.

E. secundus Kütz.

Fécamp.

E......... (1)

Wimereux; la Rochette, ZS.

SPHACELARIA Lyngb.

Sph. cæspitula Lyngb.

« Parasite sur Cystosira fibrosa; Le Hâvre. » Duboc.

Sph. radicans Ag. (2)

Sur les rochers sablonneux; Wimereux. ZI. — Automne.

Sph. cirrhosa Ag.

« Le Hâvre, jetée à la côte sur *Halidrys siliquosa.* » Duboc; Langrune.

Sph. scoparia Lyngb.

Langrune, Quihot près Luc, Yport, Fécamp.

---

(1) Je n'ai pas trouvé de diagnose qui puisse s'appliquer à cet *Ectocarpus*. En voici la description: « Filaments peu et irrégulièrement ramifiés; rameaux à angle droit avec leur support. — Fructifications tantôt sessiles, tantôt et le plus souvent longuement pédiculées, uniloculaires, ovales, à petit diamètre égalant deux à trois fois, à grand diamètre égalant six fois le diamètre des filaments, qui sont de même grosseur dans toute leur étendue. Cellules végétatives aussi longues que larges. — Filaments très flexueux formant touffe à la base des *Catenella opuntia*.

(2) Quelquefois attaqué par Chytridium Sphacelarum Kny.

CLADOSTEPHUS Ag.

Cl. spongiosus Ag.

Arromanches, Langrune, Luc, Quihot, Etretat, Yport, Fécamp, Petites-Dalles, Dieppe, Mesnil-Val près le Tréport. Fructifie l'hiver.

Cl. verticillatus Ag.

Grandcamp, Arromanches, Langrune, Luc, Quihot, Yport, Fécamp; « rejeté au Hâvre. » Duboc. « Côtes du Pas-de-Calais. » Desmazières, où je ne l'ai pas retrouvé.

MYRIONEMA Grev.

M. vulgare Thur. — M. Thuret réunit sous ce nom les *Myrionema strangulans, maculiforme* et *punctiforme* des anciens auteurs.

Arromanches, Quihot, Wimereux, sur *Ulva lactuca.* — Avril-juillet.

ELACHISTEA Duby.

E. velutina Aresch.

Rejetée à Wimereux sur *Himanthalia lorea.* » Moniez.

E. pulvinata Harv.

Langrune sur *Cystosira granulata.*

E. scutulata Duby.

« Rejetée à Wimereux sur *Himanthalia lorea.* » — Cornu. — Mai-octobre.

E. flaccida Aresch.

« Sur *Himanthalia lorea* et *Fucus serratus.* » Moniez.

E. fucicola Fr.

Arromanches, Fécamp, Petites-Dalles, Wimereux, la Rochette: sur *Fucus vesiculosus.* — Automne.

CHORDA Stackh.

Ch. filum Stackh.

Quihot, Dieppe ; « en place au pied de la tour de Croÿ, Gris-Nez, dans les trous. » Moniez. — Souvent rejeté à Wimereux.

RALFSIA Berkel.

R. verrucosa Aresch.

Intimement adhérente au rocher à la surface duquel elle forme des croûtes. — Fécamp, Wimereux, Croÿ, la Rochette. — ZS et ZM. — Fructifie en automne.

STILOPHORA J. Ag.

St. rhizodes (Ehrh) J. Ag.

Luc.

SPOROCNUS Ag.

Sp. pedunculatus (Huds) Ag.

Luc.

LAMINARIA Lamour.

L. saccharina Lamour.

Draguée à Grandcamp ; Arromanches, Quihot, Etretat, Yport, Fécamp, C. ZI ; je n'ai pu la trouver aux Petites-Dalles, à St-Valery-en-Caux, à Dieppe, ni au Tréport ; C. ZI à Wimereux; Blanc-Nez. — Renouvelle la portion foliacée de son thalle en mars, fructifie en automne.

L. phyllitis Lamour.

« Le Hâvre. » Blanche et Malbranche.

L. flexicaulis Le Jolis.

Draguée à Grandcamp ; Arromanches, Quihot, Etretat, Yport, Fécamp, CC. ZI ; de même que *L. saccharina*, elle semble manquer à partir de ce point jusqu'aux environs de Boulogne ; Wimereux, C. ZI ; rejetée au Blanc-Nez. — Fructifie en octobre.

L. Cloustoni Le Jolis.
Wimereux rejetée. — Fructifie en hiver et au printemps.

HALIGENIA Decne.

H. bulbosa Decne.
« AC. Gris-Nez. » Moniez.

CUTLERIA Grev.

C. multifida Grev.
C. à Langrune, Luc, Quihot.

ORDRE III. — **Fucacées.**

HIMANTHALIA Lyngb.

H. lorea Lyngb.
Très souvent rejetée à Wimereux. — Fructifie en été et en automne.

PELVETIA Decne et Thuret.

P. canaliculata Decne et Thuret. — *Fucodium canaliculatum* J. Ag.
Trouville, La Rochette, Gris-Nez ; « Dieppe. » Desmazières. — Fructifie en été. — ZS, sur les rochers.

FUCUS Decne et Thur.

F. serratus Lin.
CC. — ZM. — Partout où il y a des rochers de Grandcamp à Dunkerque. — Fructifie en automne et en hiver principalement.

F. platycarpus Thur (1).

Etretat, Fécamp, La Rochette près Wimereux, ZS. — Fructifie toute l'année.

F. vesiculosus L.

CC. partout où il y a des rochers, de Grandcamp à Dunkerque. — Fructifie surtout l'hiver.

F. ceranoides L.

« Dieppe, arrière port et presque toute la côte jusque Dunkerque. » Desmazières ; « pierres et digues au Hâvre. » Duboc.

ASCOPHYLLUM Stackh.

A. nodosum Le Jolis. — *Ozothallia vulgaris* Decne et Thur. — *Fucus nodosus* L.

« RR. à Wimereux. » Moniez ; souvent rejetée à Wimereux, Cayeux....

CYSTOSIRA Ag.

C. ericoides Ag.

« Dieppe, Fécamp, Saint-Valery-en-Caux. » Leturquier.

C. granulata Ag.

« Rejetée au Hâvre. » Duboc ; en place à Langrune et à Luc.

---

(1) Les espèces *F. vesiculosus* et *F. platycarpus* sont beaucoup plus difficiles à distinguer par leur forme extérieure dans nos régions qu'en Bretagne et dans la Manche. Chez nous, les réceptacles du *F. vesiculosus* sont souvent émarginés, ne sont presque jamais pointus, de plus, le *F. vesiculosus* est souvent dépourvu de vésicules ; tous ces caractères le rapprochent fortement du *F. platycarpus* et certains échantillons ne peuvent en être distingués sûrement que par l'examen microscopique, le *F. vesiculosus* étant dioïque tandis que le *F. platycarpus* est hermaphrodite.

C. discors Ag. — *C. fœniculacea* Harv.

Rejetée sur les côtes de la Seine-Inférieure d'après Leturquier.

C. fibrosa Ag.

Souvent rejetée à Wimereux ; « Dieppe » Leturquier ; « Le Hâvre » Duboc.

HALIDRYS Lyngb.

H. siliquosa Lyngb.

Draguée à Grandcamp ; Langrune, Quihot, Etretat, Yport, Fécamp, Petites-Dalles ; à Wimereux « R. en place. » Moniez ; très souvent rejetée ainsi qu'au Tréport.

SARGASSUM Rumph.

S. bacciferum Ag.

« Rejeté à Dieppe. » Leturquier.

ORDRE IV. — **Dictyotées.**

DICTYOTA Lamour.

D. dichotoma Lamour.

C. sur toute la côte de Grandcamp au Tréport. — Anthéridies, cystocarpes et tétraspores en août.

— *var. intricata* Harv.

Sur tout le littoral de Grandcamp à St-Valery-en-Caux.

TAONIA J. Ag.

T. atomaria J. Ag.

Sur toute la côte de Grandcamp à Mesnil-Val.

PADINA Adans.

P. pavonia Gaillon.

Langrune, Quibot; « Rejetée deux fois près la Rochette. » Moniez; « Dunkerque, sur coquillages. » Lestiboudois.

DICTYOPTERIS Lamour.

D. polypodioides Lamour. — *Halyseris polypodioides* Ag.

Luc; Fécamp « Leturquier.

ORDRE V. — **Floridées.**

PORPHYRA Ag.

P. laciniata Ag., comprenant les formes *P. vulgaris, linearis* et *laciniata.*

CC. — ZS. — Dunkerque, Blanc-Nez, Wimereux, le Portel, Cayeux, Ault, le Tréport, Criel, St-Valery-en-Caux, Petites-Dalles, Fécamp, Yport, Etretat, Trouville, Luc, Langrune, Arromanches.

BANGIA Lyngb.

B. fusco-purpurea Lyngb.

« Le Hâvre, murailles de la digue près la porte sud-est. » Duboc.

CHANTRANSIA Fr.

Ch. virgatula Thur (?)

Septembre, Wimereux.

Ch. Daviesii Thur.

Etretat, Fécamp, Petites-Dalles, Wimereux à la Pointe-aux-Oies. Sur Rhodymenia palmata.

HELMINTHOCLADIA J. Ag.

H. purpurea J. Ag.

RR. — ZM. — Fécamp; rochers du Calvados (Chauvin). — Anthér. Août.

GINNANIA Mont.

G. furcellata Mont. — *Scinaia furcellata* Biv.

Luc, Etretat, Yport, Fécamp, Petites-Dalles, le Portel Wimereux, ZI. — Cystocarpes, août. septembre.

SPERMOTHAMNION Aresch.

S. Turneri Aresch.

C. — ZI. — Arromanches ; Luc, Langrune (Chauvin) ; « Rejetée au Hâvre. » Duboc. Yport, Fécamp, Petites-Dalles, le Portel, Wimereux.

— *var. variabile* J. Ag.

CC. — ZI. — Le Portel, Wimereux. — Cystocarpes et tétraspores en octobre.

WRANGELIA Ag.

W. multifida J. Ag.

Luc, Grandes-Dalles. — ZI.

MONOSPORA Solier.

M. pedicellata Sol.

Dragué à Grandcamp ; Arromanches, Quihot.

THAMNIDIUM Thur. man.

Th. Rothii. Thur. man.

La Crèche près Boulogne ; « Luc » Chauvin.

Th. floridulum. Thur. man.

Croÿ, la Rochette près Wimereux, le Tréport..., et partout sur les rochers vaseux du littoral jusqu'à Grandcamp. — Tétraspores : Octobre.

ANTITHAMNION (Näg.) Thur.

A. cruciatum (Ag.) Näg.

« Arromanches » Chauvin ; Wimereux, Croÿ, la Crèche. — Anthéridies en septembre.

A. plumula (Ellis) Thur. man.

Dragué à Grandcamp ; Arromanches ; Quihot ; Zl.

CALLITHAMNION Lyngb.

C. corymbosum Lyngb.

Luc (Chauvin) ; Quihot, Arromanches.

C. gracillimum Harv.

Luc (Chauvin) ; Arromanches, Yport, Petites-Dalles.

C. byssoides J. Ag.

Yport, Fécamp, Petites-Dalles, St-Valery-en-Caux. — Cystoc. tétrasp. ; Août.

C. affine Harv.

Arromanches (Chauvin).

C. roseum Harv.

Wimereux (1), Croÿ, la Rochette, ZM et ZS ; « sur les pieux au Hâvre. » Duboc ; Arromanches ; « Port-en-Bessin. » Chauvin.—Tétraspores en septembre; cystocarpes en octobre.

C. scopulorum Ag.

Port-en-Bessin (Chauvin).

C. polyspermum Ag.

Fécamp.

C. Hookeri Lyngb.

« Wimereux, sur Chorda filum. » Moniez.

C. Borreri Harv.

Arromanches, Luc (Chauvin) ; Fécamp, Petites-Dalles. — Tétraspores, août.

C. tetricum Ag.

Luc, Etretat, Yport, Fécamp, Petites-Dalles. — Tétraspores, juillet.

C. tetragonum (With) Ag.

« Peu commune à Wimereux, sur des laminaires. » Moniez ; « Langrune » Chauvin; Arromanches, Quihot, Etretat, Yport, Fécamp.

C. brachiatum (Bonnem) Harv.

« Langrune (Chauvin).

C. granulatum (Ducluz) Ag. — *C. spongiosum* Harv.

« Pas rare à Wimereux » Moniez.

---

(1) Le Callithamnion roseum de Wimereux semble former le passage entre le Callithammion scopulorum Ag.— C. roseum tenue Lyngb. et le Callithammion roseum de Harvey. Il est plus ramifié que ce dernier, penné un plus grand nombre de fois, toujours petit, plus trapu et moins élancé que lui.

GRIFFITHSIA Ag.

Gr. setacea Ag.

ZI. — C. Wimereux, Ault, le Tréport, Dieppe, St-Valery-en-Caux, Petites-Dalles, Fécamp, Yport, Etretat, Luc.

Gr. corallina Ag.

Quihot près Luc.

Gr. Devoniensis Harv.

« Luc » Chauvin.

HALURUS Kütz.

H. equisetifolius Kütz.

« Wimereux, rejeté une fois. » Moniez; le Portel, rejeté ; ZI. En place à Mesnil-Val près Criel, Fécamp, Yport, Etretat, Luc, Arromanches.

DUDRESNAYA Bonnem.

D. verticillata (Wither) Le Jol. — *D. coccinea* Cr.

Fécamp, ZI. — Cystoc., tétr. : juillet, août.

PTILOTA Ag.

P. elegans Bonnem.

Arromanches; Etretat, Yport, Fécamp, Petites-Dalles. CC. ZI.

CERAMIUM Lyngb.

C. rubrum Ag.

CC. Blanc-Nez. Wimereux, le Portel, Ault, toute la côte de la Seine-Inférieure et du Calvados. Cystocarpes et tétraspores: septembre et octobre.

C. decurrens Harv.

« Parasite sur les Fucus. » Moniez. Trouvé quelquefois rejeté à Wimereux. En place à Grandcamp; « Luc » Chauvin. — Cystocarpes : juillet.

C. diaphanum Roth.

« Parasite sur les Fucus, très commun. » Moniez. — Je ne l'ai observé que rejeté à Wimereux; Arromanches, Luc, Yport, Fécamp, Grandes-Dalles, St-Valery-en-Caux, ZI. — Cystocarpes : juillet.

C. Deslongchampsii Chauv.

Port-en-Bessin (Chauv); Arromanches, Luc, Trouville, Etretat, Fécamp, Petites-Dalles, Mesnil-Val, Le Tréport, Wimereux, ZM. — Cystocarpes et tétrasp. : juillet-octobre.

C. nodosum Harv.

Dragué à Grandcamp; Arromanches, Langrune, Luc ZM et ZI. — Tétraspores : juillet.

C. gracillimum Ag.

Arromanches (Chauv).

C. flabelligerum (1) J. Ag.

Wimereux, la Crèche, le Tréport, Criel, St-Valery-en-Caux, Petites-Dalles, Fécamp, Etretat, Trouville, Tétrasp. Septembre.

C. echionotum J. Ag.

Dragué à Grandcamp, Arromanches, Langrune, Luc, Etretat, Yport, Petites-Dalles, ZM et ZI.

---

(1) Ne s'accorde pas complètement avec la description de Harvey. Les aiguillons, très rares, ne se trouvent guère que sur les trois articles plus jeunes de chaque rameau; quelquefois cependant, on trouve encore un ou deux aiguillons plus bas; les aiguillons sont composés de trois cellules incolores. Les tétraspores sont disposées tout autour de chaque article. Les ramifications supérieures sont souvent dans un seul plan.

C. acanthonotum Carm.
Fécamp.

C. ciliatum Ducluz.
« Boulogne. » Desmazières ; Fécamp, Yport ; Luc, Arromanches (Chauvin).

SPYRIDIA Harv.

Sp. filamentosa Harv.
Draguée à Grandcamp, Quihot près Luc, ZM.

DUMONTIA Lamour.

D. filiformis Grev.
« Dieppe. » Desmazières.

CATENELLA Grev.

C. opuntia Grev.
La Rochette C. ; « Tour de Croÿ. » Moniez ; « Calais. » Desmazières ; « Fécamp. » Leturquier ; « Port-en-Bessin » Chauv ; Etretat, ZS.

SCHIZYMENIA J. Ag.

Sch. edulis J. Ag.
« Pointe-aux-Oies ZI. » Moniez ; « Dieppe. » Desmazières ; « Le Hâvre. » Duboc ; Petites-Dalles, Fécamp, Yport, Etretat, ZI, CC. ; Quihot, Langrune, Arromanches, ZI.

Sch. Dubyi J. Ag.
Yport, Fécamp, Petites-Dalles. — Cystoc. : août.

GRATELOUPIA Ag.

G. filicina Ag.
« Rejetée au Hâvre. » Duboc ; en place Yport, Fécamp, Petites-Dalles.

FASTIGIARIA Stackh.

F. furcellata Stackh.

« Dieppe, Le Hâvre. » Duboc ; draguée à Grandcamp, Arromanches, Luc, Langrune, Yport, Petites-Dalles.

HALYMENIA J. Ag.

H. ligulata Ag.

Rejetée à Arromanches et Courseulles ; en place Yport, Fécamp, Petites-Dalles.

CHONDRUS Stackh.

C. crispus Stackh.

CC. sur les rochers du Pas-de-Calais, de la Somme, de la Seine-Inférieure et du Calvados. — Tétraspores : aout-septembre.

GIGARTINA Stackh.

G. acicularis Lamour.

Luc.

G. pistillata Stackh.

« Le Hâvre, Dieppe. » Leturquier.

G. mamillosa J. Ag.

« C. Wimereux » Moniez ; « Le Hâvre » Blanche et Malbranche ; C. sur toute la côte d'Etretat à Dieppe, ZM. — Rejetée au Blanc-Nez. — Fructifie de juillet à octobre.

CALLOPHYLLIS Kütz.

C. laciniata Kütz.

« Dieppe » Desmazières.

CYSTOCLONIUM Kütz.

C. purpurascens Kütz. — *Hypnæa purpurascens* Harv.
CC. Blanc-Nez, Wimereux, le Portel, et toute la côte de la Seine-Inférieure et du Calvados. — Cystocarpes : juillet à octobre.

AHNFELTIA Fries.

A. plicata Fries.
« Le Hâvre » Duboc ; Etretat, Fécamp, Petites-Dalles.

GYMNOGONGRUS Martius.

G. Griffithsiæ Martius.
« Wimereux, Croÿ » Cornu ; je l'y ai retrouvé quelquefois ainsi qu'à la Pointe-aux-Oies ; Fécamp, Yport, Luc. — Tétraspores en octobre. « Dieppe, sous le fort blanc. » Leturquier.

G. norvegicus J. Ag. — *Chondrus norvegicus* Lyngb.
« Wimereux, ZI » Cornu ; le Portel, rejeté ; « Dieppe » Leturquier ; « Le Hâvre » Duboc ; Quihot près Luc, Etretat, Yport, Fécamp, Petites-Dalles, Saint-Valery-en-Caux, ZI. — Némathécies : août.

PHYLLOPHORA Grev.

P. rubens Grév.
« La Crèche » Moniez ; « Dieppe » Leturquier ; « Le Havre » Duboc ; draguée à Grandcamp ; Yport, Fécamp.

PHYLLOTYLUS Kütz.

P. membranifolius Kütz.
Wimereux, Pointe-aux-Oies, Mesnil-Val près Criel ; « Le Hâvre, Dieppe. » Leturquier ; Etretat, Yport, Fécamp, Petites-Dalles.

PETROCELIS J. Ag.

P. cruenta J. Ag.
Fécamp.

PEYSSONNELIA Decne.

P. atro-purpurea Cr.
Quihot près Luc, ZI.

CHAMPIA Harv.

Ch. parvula Harv. — *Lomentaria parvula* Gaill. — *Chylocladia parvula* Harv.
« Récifs de Hermelles à Croÿ. » Moniez.

CORDYLECLADIA J. Ag.

C. erecta J. Ag.
« Pointe-aux-Oies, ZI. » Cornu.

RHODYMENIA J. Ag.

Rh. palmata Grev.
CC. — ZI. Blanc-Nez, Wimereux, le Portel, Mesnil-Val et les côtes de la Seine-Inférieure et du Calvados. — Tétraspores en hiver jusqu'en mars.

Rh. palmetta Grev.
Gris-Nez, Wimereux ; « Le Hâvre et Dieppe » Blanche et Malbranche. Etretat, Fécamp, ZI; draguée en face Bernières.— Cystoc. : août.

— *var. nicæensis* Grev.
Croÿ, Mesnil-Val; « Dieppe. » Desmazières; St-Valery-en-Caux, Fécamp, ZI; « Langrune » Chauvin.

LOMENTARIA Gaill.

L. articulata Lyngb.
CC. — ZM. Wimereux, et toutes les côtes de la Seine-Inférieure.

L. clavellosa Gaill.
« Entre les griffes des laminaires; R. à Wimereux. » Moniez; Yport.

L. reflexa Chauv.
Arromanches, Courseulles, Luc, Etretat, Yport, Fécamp.

PLOCAMIUM Lyngb.

Pl. coccineum Lyngb.
Blanc-Nez, Wimereux, Tréport, Ault et toute la côte de la Seine-Inférieure et du Calvados, ZI. — Cystocarpes en mars, tétrasp. en automne.

— *var. uncinatum* Harv.
Wimereux, Mesnil-Val.

HYDROLAPATHUM Stackh.

H. sanguineum Stackh.
« Dieppe, Fécamp. » Leturquier; « Le Hâvre. » Duboc; Etretat, Yport, Fécamp, CC. ZI, « Bernières » Morière.

RHODOPHYLLIS Kütz.

Rh. bifida Kütz.
« Wimereux, entre les griffes des laminaires et sur les bancs de Hermelles. » Moniez; Petites-Dalles, Fécamp, Yport, Etretat. Draguée à Grandcamp; « Luc » Chauvin. — Cystoc.: août.

GRACILARIA Grev.

Gr. confervoides Grev.

CC. — Blanc-Nez, Wimereux, le Portel, Ault, et toutes les côtes de la Seine-Inférieure et du Calvados. — Cystocarpes: août jusque octobre.

Gr. compressa Grév.

Grandcamp, draguée. — Cystoc.: juillet, août.

CALLIBLEPHARIS Kütz.

C. ciliata Kütz.

Rejetée à Wimereux, le Portel, Ault et Cayeux; en place au Tréport, à Criel, à St-Valery-en-Caux, Petites-Dalles, Fécamp, Yport, Etretat, Langrune, Arromanches et Grandcamp.

C. jubata Kütz.

« Fécamp. » Blanche et Malbranche.

SPHÆROCOCCUS Stackh.

Sph. coronopifolius Stackh.

« Dieppe. » Leturquier.

NITOPHYLLUM Grev.

N. laceratum Grev.

Rejeté à Wimereux, le Portel, Cayeux; en place à Tréport, Criel, Dieppe, St-Valery-en-Caux, Petites-Dalles, Fécamp, Yport, Etretat, ZM et ZI où il est très commun; Quihot, Langrune ZI, dragué à Grandcamp. — Cystocarpes et tétraspores en octobre.

N. ocellatum Grev.

« Fécamp. » Leturquier.

N. Gmelini Grev.

Mesnil-Val près le Tréport, St-Valery-en-Caux, Petites Dalles, ZI; Fécamp, Yport, Etretat, ZI, CC; Langrune, R; rejeté à Arromanches. — Tétraspores: juillet à octobre. Cystoc.: août.

DELESSERIA Lamour.

D. sinuosa Lamour.

« Dieppe, Fécamp, St-Valery-en-Caux. » Leturquier.

D. alata Lamour.

« Le Hâvre. » Duboc; Etretat, Yport, Fécamp, Petites-Dalles, CC, ZI et ZM. St-Valery-en-Caux, Dieppe, ZI, moins abondant.

D. hypoglossum Lamour.

CC. — ZI, Croÿ, Pointe-aux-Oies, Mesnil-Val et la côte de la Seine-Inférieure et du Calvados. — Cystocarpes et tétraspores en septembre.

D. ruscifolia Lamour.

« Le Hâvre. » Duboc; « Dieppe, Fécamp. » Leturquier. « Langrune, Luc » Chauvin; Arromanches.

GELIDIUM Lamour.

G. corneum Lamour.

CC. — ZM. Wimereux, le Tréport, Criel et la côte de la Seine-Inférieure et du Calvados.—Tétraspores en septembre.

POLYIDES Ag.

P. rotundus Grev. — *Polyides lumbricalis* Ag.

CC. — ZI. — Wimereux, le Portel, le Tréport et toute la côte de la Seine-Inférieure et du Calvados. Anthéridies en septembre; cystocarpe mûr en décembre; tétraspores mûres en novembre.

CHYLOCLADIA Grev.

Ch. Kaliformis Hook.
« Dieppe. » Leturquier; draguée à Grandcamp; Quihot près Luc, ZI. — Cystoc. et tétrasp.: juillet, août.

Ch. ovalis Hook. — *Lomentaria ovalis* Endl.
« Rare, trouvée une fois à la Pointe-aux-Oies, souvent rejetée. » Moniez, draguée à Grandcamp; Quihot près Luc, Yport, ZI.

POLYSIPHONIA Grev.

P. pulvinata Spreng.
La Crèche, Croÿ, la Rochette près Wimereux. — Tétrasp. : septembre.

P. stricta Harv.
Wimereux, Croÿ et banc d'argile de la ZS.

P. fibrillosa Grév.
Yport.

P. *Brodiæi* Grev.
« Rejetée au Hâvre. » Duboc.

P. elongata Grév.
Draguée à Grandcamp; Arromanches, Langrune, Quihot, Yport, Fécamp et Wimereux, Pointe-aux-Oies. — Anthér. : juillet.

P. atrorubescens Grev.
Pointe-aux-Oies, la Crèche, le Portel; Yport, Fécamp, Petites-Dalles, ZM et ZI. — Tétraspores en septembre.

P. nigrescens Grev.
CC. — ZI, Blanc-Nez, Wimereux, le Portel, le Tréport et tout le littoral de la Seine-Inférieure et du Calvados.

P. fastigiata Grev.
Wimereux, rejetée sur Ascophyllum nodosum. Cystoc. juillet.

P. pennata J. Ag.
Arromanches, Yport.

P. byssoides Grév.
Draguée à Grandcamp; Arromanches, Quihot, Fécamp; rejetée au Blanc-Nez.

RHODOMELA Ag.

Rh. subfusca Ag.
« Dieppe. » Leturquier; « Le Hâvre. » Duboc; Fécamp.

RYTIPHLÆA Ag.

R. pinastroides Ag.
Draguée à Grandcamp.

LAURENCIA Lam.

L. obtusa Lamour.
St-Valery-en-Caux. » Leturquier. — Cystoc. : juillet-août.

L. pyramidalis Ktz.
Luc.

L. hybrida Lenorm.
Arromanches.

L. pinnatifida Lamour.
CC. — ZS, ZM et ZI. Wimereux, le Portel, le Tréport et tout le littoral de la Seine-Inférieure et du Calvados.

CHONDRIA Harv.

Ch. cœrulescens (Cr.)
Langrune ZM.

Ch. dasyphylla Ag.

AR. Pointe-aux-Oies, la Crèche, Croÿ près Wimereux, St-Valery-en-Caux, Petites-Dalles, Fécamp, Yport, Quihot, Langrune, Arromanches et Grandcamp. — Tétrasp. : septembre.

Ch. tenuissima Ag.

Langrune, Quihot, ZM et ZI.

DASYA Ag.

D. coccinea Ag.

Rejetée à Cayeux, Ault, le Tréport; en place aux Petites-Dalles, Fécamp, Yport, Etretat, Luc, Arromanches et Grandcamp, ZI, CC.

— *var squarrosa* Harv.

Quihot près Luc.

HELICOTHAMNION Kütz.

H. scorpioides Kütz. — *Bostrychia scorpioides* Mont.

Baie d'Authie, récolté par M. Gonse.

HILDENBRANDTIA Nardo.

H. rosea Kütz.

La Rochette, Croÿ, le Tréport, Petites-Dalles, Fécamp, Yport. — Tétraspores en septembre.

MELOBESIA Lamour.

M. membranacea Lamour.

Wimereux, sur Zostera marina, rejetée.

M. lichenoides Harv.

Le Tréport; cap d'Alprecht.

LITHOTHAMNION Phil.

L. polymorphum Aresch.
Fécamp.

JANIA Lamour.

J. rubens Lamour.
Langrune.

CORALLINA Lamour.

C. officinalis L.
Rejetée au Blanc-Nez; « Wimereux, ZI. peu commun. » Moniez; ZM. le Portel; CC. ZM, le Tréport et toutes les côtes de la Seine-Inférieure et du Calvados.

C. squamata Ellis.
« Fécamp. » Blanche et Malbranche.

GUIDE DE L'ALGOLOGUE.

Dans cette partie de notre travail nous avons l'intention de guider le botaniste dans ses recherches, de lui éviter des pertes de temps inutiles et des courses stériles. Pour cela nous croyons utile de lui donner une description sommaire des plages les plus intéressantes de la partie du littoral que nous avons explorée.

Cap Blanc-Nez.

La station du chemin de fer la plus rapprochée est celle de St-Pierre-lès-Calais.

En quittant cette gare, on suivra la grande route de Boulogne jusqu'au petit hameau de La Chaussée où on prendra un chemin à droite conduisant à Sangatte.

C'est à Sangatte (8 kilom. de Calais) que commencent les falaises blanches du cap Blanc-Nez qui s'étendent vers le sud-ouest sur 7 kilom. de longueur, jusqu'à quelque distance de Wissant. La grève, au-dessous de ces falaises, est formée de galets dans sa région supérieure, partout ailleurs de sable ou de rochers. La craie s'étend sur toute la largeur de la plage, mais est recouverte de sable, si ce n'est en quelques points où elle apparaît en bancs horizontaux à peine saillants.

Cette plage est très pauvre : les rochers ne portent très généralement que *Ulva enteromorpha*, associée, vers le niveau des hautes mers seulement, à *Fucus vesiculosus*. Les autres algues telles que : *Plocamium coccineum*, *Gracilaria confervoides*, *Cystoclonium purpurascens*, *Polysiphonia nigrescens* ne sont qu'en très faible quantité et représentées par des échantillons de petite taille.

Le Portel, Boulogne, Wimereux, Audresselles et le cap Gris-Nez.

Les 24 kilomètres de côtes qui s'étendent du sud au nord, du cap d'Alprecht au cap Gris-Nez présentent, si ce n'est dans la partie comprise entre la Pointe-aux-Oies et Audresselles, des falaises, et sur la plage, des rochers appartenant à la partie supérieure du terrain jurassique.

Cette région est très riche en algues ; j'ai pu explorer avec beaucoup de soin, surtout les alentours de Wimereux, grâce aux facilités de travail et d'installation que j'ai trouvées au laboratoire de zoologie maritime (1) dirigé par M. Giard. En face de cette localité, les rochers de Croÿ et, à peu de distance vers le nord, ceux de la Pointe-aux-Oies, fournissent, aux grandes marées, une récolte très abondante d'algues.

Je regrette de n'avoir pas été à même d'explorer plus complètement le cap Gris-Nez que je crois très riche. La plage est entièrement couverte dans ces environs de rochers énormes. On peut s'y rendre à pied de la station de Wimille, en suivant la plage, et coucher tout auprès du cap, dans le petit hameau de Framzelle, où le voyageur ne doit pas compter trouver le confort de la ville.

---

(1) 1 kilom. de la station de Wimille.

Au sud de Boulogne, on rencontrait la localité de la Roche-Bernard qui a été détruite en faisant les travaux du port en eau profonde de Boulogne, et plus loin, le Portel qui présente encore une grève, un peu moins riche en espèces que Wimereux, mais offrant cependant certaines algues qu'on ne trouve pas dans cette localité.

Littoral des départements de la Somme et de la Seine-Inférieure.

Entre Equihem, à peu de distance au sud de Boulogne, et Ault, au sud de l'embouchure de la Somme, le littoral ne présente que des dunes; aussi les algues sont-elles rares en place et ne se trouvent-elles que çà et là fixées sur quelques pieux.

D'Ault au Havre s'étendent des falaises, à leur pied des galets de silex et plus bas sur la plage des rochers appartenant à la partie supérieure du crétacé et plus particulièrement à l'étage sénonien. Cette craie présente, en certains points, une consistance plus faible et est alors rapidement détruite par la mer; il en résulte une boue blanche qui se dépose sur place, ou bien est transportée plus loin par les courants, et qui est soulevée par la mer lorsque celle-ci est un peu agitée. En ces points (le Tréport, St-Valery-en-Caux....) les algues sont moins abondantes, probablement parce qu'elles trouvent un support moins solide et peut-être bien aussi à cause de la trop grande quantité de carbonate de chaux en suspension dans l'eau.

Partout les bancs de craie sont sillonnés par des fissures sinueuses dirigées vers la mer. Ces fissures, dont les plus profondes atteignent 2 ou même 2 mètres 50 centim. de hauteur sur 50 centim. à 2 mètres de largeur, s'étendent sur des centaines de mètres dans la même direction, et quelquefois se bifurquent. Les vagues s'engouffrent violemment et avec grand bruit dans ces crevasses lorsque celles-ci atteignent quelque profondeur, de sorte que les algues n'y trouvent pas partout un abri tel qu'on pourrait le supposer au premier abord; certaines d'entre elles se terminent en culs-de-sac, et il en résulte, lorsque la vague pénètre jusqu'au fond, un remous qui arrache les algues les moins solidement fixées. Les *Iridæa edulis*, les *Nitophyllum Gmelini* et *laceratum*, les *Hydrolapathum sanguineum*, les *Delesseria alata*, les *Ptilota elegans* abondent dans ces fissures; ces deux dernières espèces se rencontrent plus particulièrement sur les parois verticales et sont recouvertes à marée basse par les *Fucus serratus*, tandis que les premières sont plus habituellement fixées au fond. Les algues sont mieux abritées que sur la surface supérieure des rochers contre le soleil et le dessèchement par le vent, pendant la marée basse.

Les environs de Fécamp et d'Yport constituent la région de toute cette côte la plus riche en espèces variées d'algues.

Au Tréport la zône inférieure présente des rochers plats, attaqués par les pholades, dépassant à peine en quelques rares points la grève, et servant de support surtout aux *Gracilaria confervoides* et *Polysiphonia nigrescens*. Plus loin vers Mesnil-Val, en face et au-delà de cette localité, des rochers assez élevés et entamés par les vagues se trouvent vers le niveau des plus basses mers. Ils portent surtout *Fucus serratus* et *Laurencia pinnatifida*, et à leur base *Griffithsia setacea;* dans les flaques creusées à leur surface supérieure *Corallina officinalis* se trouve en abondance.

A l'est de DIEPPE, les rochers sont disposés en bancs horizontaux fissurés qui viennent au bas de la plage plonger brusquement en un mur vertical de 2 à 3 mètres de haut. Ils sont peu solides, de tous côtés perforés par les pholades. Dans la zône inférieure ils sont couverts de *Fucus serratus*, *Cladostephus spongiosus*, *Laurencia pinnatifida*, *Polysiphonia nigrescens*, en quelques points de *Thamnidium floridulum*, ou de *Corallina officinalis* en touffes de 1 centim. seulement de hauteur (sauf dans les flaques où elle s'allonge jusque 8 et même 10 centim.)

Ces deux plages sont relativement pauvres, de même que celle de ST-VALERY-EN-CAUX. En ce dernier point les algues sont généralement de petite taille et couvertes, au moins à certaines époques, de vase crayeuse. Les roches, souvent nues, dépassent faiblement le niveau du sable, si ce n'est à quelque distance vers l'est où on trouve un banc élevé de 1, 2 et même 2 mètres 50 cent. au-dessus du niveau général de la grève. Les crevasses qui les parcourent sont peu riches, comme le reste de la plage.

AUX PETITES-DALLES nous voyons enfin apparaître une flore algologique beaucoup plus riche. En allant vers l'est, on rencontre des bancs de roches que l'on voit se continuer sous la mer aux plus basses marées, tandis que, en se rendant vers les GRANDES-DALLES, on trouve le bas de la plage occupé par un grand banc de silex de grosse taille et peu roulés, formant une digue. Au dedans de celle-ci s'étend une immense flaque avec une végétation abondante et de grande taille. L'*Halidrys siliquosa* y atteint 4 à 5 mètres de longueur, l'*Iridæa edulis*, 50 à 60 centimètres, le *Plocamium coccineum*, 30.

A FÉCAMP les récoltes d'algues sont encore plus abondantes. A l'ouest, jusqu'à Yport, et à l'est les rochers sont durs et forment des bancs sillonnés par des crevasses profondes, peu distantes les unes des autres, et toujours dirigées vers la mer. Nulle part, je n'ai rencontré de vase. La mer se retire sur une étendue beaucoup plus grande à l'ouest de Fécamp qu'à l'est, et les espèces sont plus nombreuses de ce premier côté. Les plantes sont de belle taille. Dans la région inférieure de la plage la masse de la végétation est formée par les espèces suivantes: *Callithamnion tetricum*, *Ceramium rubrum* et *echionotum*, *Chondrus crispus*, *Gymnogongrus norvegicus*, *Rhodymenia palmata* et *Laurencia pinnatifida;* cette dernière de grande taille; les *Laminaria flexicaulis* auxquels se joignent quelques *Laminaria saccharina*, en certains endroits sont tellement abondantes qu'on ne peut marcher sans écraser leurs longues lanières couchées sur le sol. Le *Fucus serratus* occupe une grande partie de la zône moyenne et se trouve souvent mêlé, à la base de la zône supérieure, aux *Fucus vesiculosus*, aux *Laurencia pinnatifida* (de petite taille) et surtout aux *Ulva enteromorpha* qui tapissent cette zône.

A l'ouest d'Yport on trouve d'abord des roches de dimensions inégales ; puis, après avoir doublé le premier promontoire, on marche sur la craie qui s'étend à plat et ne présente pas de fissures en cette région. Ce plateau est tout particulièrement riche en espèces variées. Au-delà, vers Vaucottes, les roches crevassées réapparaissent.

Le rivage de la mer est tout particulièrement intéressant pour le touriste à Etretat. La mer gagne sur la terre, et en minant les parties les moins résistantes de la falaise, n'a pu entamer que plus lentement certains points où le roc est plus dur, de telle sorte qu'en ces points plus durs la craie a subsisté avec toute la hauteur de la falaise et forme un îlot réuni au reste de la falaise par une voûte. Celle-ci n'a pu être détruite, étant plus élevée que le niveau où les vagues peuvent accomplir leur œuvre de destruction. A l'ouest d'Etretat on trouve deux semblables portes à quelque distance l'une de l'autre, et, entre elles, un escalier appuyé contre la falaise permet de remonter sans danger jusqu'au sommet. Cet escalier n'est pas inutile à connaître, car on peut en ce point être très facilement surpris par la marée pendant l'herborisation. Vers l'est d'Etretat se trouve un petit promontoire, et à son extrémité une autre porte sous laquelle on ne peut passer qu'en bateau. La mer en ce point bat continuellement le pied de la falaise. Un tunnel d'une centaine de mètres a été creusé un peu plus haut et permet de se rendre sur la plage au-delà de cette pointe.

Les rochers situés au nord-est d'Etretat m'ont toujours fourni une récolte plus abondante que ceux qui sont situés au sud-ouest.

Villerville et Trouville.

Vers l'embouchure de la Seine les plages sont très vaseuses. A Villerville la vase est tellement abondante qu'il est dangereux de s'avancer en beaucoup d'endroits ; aussi la flore est-elle excessivement pauvre et n'est-elle représentée uniquement que par *Fucus vesiculosus* et *serratus*, *Ulva enteromorpha*, *Porphyra laciniata* qui ne peuvent vivre que vers la limite de la haute mer. A mesure que l'on s'approche de Trouville, ces mêmes plantes s'étendent sur une aire un peu plus large ; puis on voit se joindre à elles dans les flaques des *Cladophora rupestris* couvertes de diatomées, des *Ceramium rubrum* et des *Chondrus crispus;* ce dernier beaucoup plus mince qu'il ne se présente ailleurs. Auprès de Trouville la partie basse de la plage est occupée par du sable et l'on trouve sur les rochers voisins de la limite de la haute mer *Pelvetia canaliculata*, *Thamnidium floridulum*, *Ceramium rubrum*, *flabelligerum* et *Deslongchampsii*, *Gelidium corneum*. La plage en face de Trouville et vers l'ouest est entièrement sablonneuse.

Luc, Langrune, St-Aubin, Bernières et Courseulles.

Les roches manquent complètement aux environs de l'embouchure de l'Orne; elles réapparaissent sur la plage, accompagnées par des falaises de quelques mètres seulement de haut, un peu à l'ouest de Luc, et se continuent jusqu'à l'embouchure de la Seulles; elles sont plates, recouvertes en certains points par le sable, et ne présentent pas ces grandes fissures que nous avons remarquées partout dans les bancs crétacés du rivage de la Seine-Inférieure. La plage présente une très faible inclinaison, de telle sorte que la mer se retire fort loin. En face de Luc se trouve un îlot de rochers, découvert seulement à marée basse, et appelé Quihot. Cet îlot présente une végétation très riche; il est séparé de la côte par un chenal que l'on passe en bâteau ou bien à pied pendant les basses-mers avec l'eau jusqu'à la ceinture.

A Luc est installé un laboratoire de zoologie maritime dépendant de la Faculté des sciences de Caen. J'y ai trouvé un aménagement excellent pour mes recherches phycologiques. Un bateau appartient à ce laboratoire, ce qui permet de draguer en pleine mer.

Arromanches à Port-en-Bessin et Grandcamp.

De Courseulles à Arromanches la plage est entièrement sablonneuse tandis qu'elle est rocheuse depuis Arromanches jusqu'un peu au-delà de Port-en-Bessin. Ces roches forment une excellente localité pour les herborisations algologiques. Il est d'ailleurs facile de se rendre dans ces deux dernières localités : des voitures publiques partent de Bayeux pour les desservir.

Entre Sainte-Honorine-des-Pertes et Grandcamp la plage redevient sablonneuse ; les rochers réapparaissent à Grandcamp. Pour se rendre à Grandcamp on peut prendre à Isigny une voiture en correspondance avec le chemin de fer.

En terminant je ne peux m'empêcher de conseiller l'excursion de St-Vaast-la-Hougue. Cette localité, dont je n'ai pas à parler sans sortir des limites que je me suis assignées, est excessivement riche en algues. Les botanistes et les zoologues y ont trouvé maintes fois d'intéressants sujets d'études.

AVIS

Je serai reconnaissant aux botanistes qui s'occuperont de la question qui est traitée dans le présent ouvrage de me communiquer leurs observations.

J'espère publier des additions à ce catalogue, et je joindrai les leurs aux miennes propres en faisant suivre le nom de la localité du nom de celui qui l'a, le premier, découverte. Il serait désirable que les échantillons trouvés me fussent communiqués pour vérifier l'exactitude de la détermination.

Il est nécessaire de mentionner, en outre de l'indication de la localité, si l'algue a été trouvée en place ou bien rejetée; je ne fais que bien rarement mention des algues rejetées qui peuvent avoir été apportées de très loin par les courants.

AMIENS. IMP. DELATTRE-LENOEL, RUE DE LA RÉPUBLIQUE, 32.

AMIENS. IMP. DELATTRE-LENOEL, RUE DE LA RÉPUBLIQUE, 32.

www.ingramcontent.com/pod-product-compliance
Lightning Source LLC
LaVergne TN
LVHW050452160826
845677LV00003B/746

* 9 7 8 2 3 2 9 6 6 6 6 3 1 *